English Russian Scientific Dictionary

Aleks Kleyn

Русско-английский научный словарь

Александр Клейн

Aleks_Kleyn@MailAPS.org
http://AleksKleyn.dyndns-home.com:4080/
http://sites.google.com/site/AleksKleyn/
http://arxiv.org/a/kleyn_a_1
http://AleksKleyn.blogspot.com/

Аннотация. English Russian and Russian English scientific dictionaries presented in this book are dedicated to help translate a scientific text from one language to another. I also included the bilingual name index into this book.

Задача англо-русского и русско-английского научных словарей, представленных в этой книге, - это помощь в переводе научного текста. Я включил в эту книгу также двуязычный именной указатель.

CreateSpace Independent Publishing Platform

ISBN: 1517241545

ISBN-13: 978-1517241544

Оглавление

Глава 1

Preface

According to legend, all people spoke one language. Then they decided to build up the tower of Babel in order to climb up to the sky. To stop project, L-rd confused their languages... Much water has flowed since then. A lot of different occupations appeared. Occupation of interpreter is one of the most ancient and important. At the same time translation of text is art form. [1.1]

Lively text contains phraseology, slang. It is hard to translate it one to one. Translation of sonnets by Shakespeare from English into Russian is very striking example. You can compare translations of sonnets by Shakespeare made by S. J. Marshak and A. M. Finkel. They are different works of art although original is common. Although translations are different, each of them leaves indelible track. Each of translations reflects individual perception of interpreter, his emotional experience. The strength of translations is that Marshak and Finkel are co-authors of Shakespeare.

There exists opinion that it is much easier to translate technical text. Unambiguity of translation of term is one of the reasons. Another reason is existence of set of phrases; using of such phrases make easier realization of the text.

However I do not agree with this point of view. It is not enough to write good theorems for writing of the paper. We expect that somebody reads the paper. And good style is important here. Good style is more important when we translate a paper from one language to other. Sometimes it is not easy task to put text into frame prepared in advance. Moreover, any text has emotional color which expresses author's relationship.

I am looking for outside assistance during translation when I meet either unusual grammatical form, or expression which I cannot translate unambiguously. Today we can find such help because of development of software and internet. For instance, you can find a lot of forums on web page

http://forum.lingvo.ru/actualforum.aspx

and somebody in these forums can help you to translate text. I frequently use help of the forum "English-Russian-English translation"

http://forum.lingvo.ru/actualtopics.aspx?bid=18

and I am very grateful to everybody who helps me to translate my papers.

[1.1] Although we can understand one another, in spite of difference of languages, people are not ready to build up new tower of Babel. I believe people should learn to understand each other, no matter what views they may have. Humanity must become mature to get this goal.

In Russian literature there is good custom to mention name of interpreter. Because I turn for help to forum, it is hard for me to follow this custom. Therefore I decided to tell about people who help me in the book dedicated to process of translation.

When I feel that I need additional assistance, I'm looking for patern in books and articles where I can find appropriate terminology or sample how to write proper sentence. In particular, I recommend book search in Google

http://books.google.com/bkshp?tab=wp

Very often when I translate I feel that I need to change original sentence in order to make it more sufficient to my ideas in both languages. This is why I consider translation as an inseparable part of work on the text and creative process.

Initially I started this vocabulary as immediate helper to write papers. Although there are a lot of scientific texts in internet, search for a particular term or definition takes a lot of time. And I decided to save translation of terms and definitions which was important for me and I met in books published on both languages. So the vocabulary has appeared. I wrote vocabulary slowly. When vocabulary became large enough I decided to make it available for others. I also took into account the wishes expressed in response to previous versions of vocabulary. This vocabulary involves only physical and mathematical terminology. Word may have an alternative translation or different meaning in common speech. However I did not include this information into vocabulary

I also included the bilingual name index into this book. I added into this list only names which I met in both Russian and English texts. However there is one more problem which I meet when I translate papers. Sometimes the relationship between the writing and and the pronunciation is not clear. It would be good idea to add transcription, however I did not make it because I did not have reliable source.

Глава 2

Введение

Согласно преданию, все люди разговаривали на одном языке. Тогда они решили построить Вавилонскую башню, чтобы взобраться по ней на небо. Чтобы остановить строительство, Б-г смешал их языки... Немало воды утекло с тех пор. Появилось много разных профессий. Профессия переводчика одна из древних и важных. И в тоже время перевод текста - это искусство.[2.1]

Живой текст содержит фразеологизмы, сленг. Всё то, что дословно не переведёшь. Очень яркий пример для меня - это перевод сонетов Шекспира на русский. Сравните переводы сонетов Шекспира, сделанные С. Я. Маршаком и А. М. Финкелем. Это разные произведения, хотя оригинал общий. И хотя переводы различны, каждый из них оставляет неизгладимый след. Каждый из переводов отражает личное восприятие переводчика, его переживание. Сила переводов в том, что и Маршак, и Финкель оказались соавторами Шекспира.

Существует представление, что техническую литературу переводить легче. Одна из причин - однозначность перевода технических терминов. Другая причина - существование некоторого набора штампов, использование которых облегчает понимание текста.

Однако я не согласен с этой точкой зрения. Недостаточно вывести хорошие теоремы, для того, чтобы написать статью. Статья должна быть прочитана. И хороший стиль играет здесь не последнюю роль. Особенно это важно, когда мы переводим статью на другой язык. Поместить фразу в заранее приготовленный штамп порой нелегко. Кроме того, любой текст имеет эмоциональную окраску, выражающую отношение автора.

Я ищу постороннюю помощь при переводе если я столкнулся либо с необычной грамматической формой, либо с выражением, которое не переводится однозначно. Сегодня, благодаря развитию программных средств и интернета, найти такую помощь легче, чем это было недавно. Например, на интернет странице

http://forum.lingvo.ru/actualforum.aspx

вы можете найти разнообразные форумы, где вам всегда помогут перевести текст. Я очень часто пользуюсь помощью форума "Англо-русско-английский перевод"

[2.1] Хотя мы можем понимать друг друга, несмотря на различие языков, люди не готовы строить новую Вавилонскую башню. Я думаю, люди должны научиться понимать друг друга независимо от того, каких взглядов они придерживаются. А для этого человечество ещё должно повзрослеть.

http://forum.lingvo.ru/actualtopics.aspx?bid=18

и я приношу свою глубокую благодарность всем, кто помогает мне в переводе моих статей.

В русской литературе существует хорошая традиция указывать имя переводчика. Так как я обращаюсь за помощью к форуму, мне трудно следовать этой традиции. Поэтому я принял решение рассказать о тех, кто мне помогает, в книге, специально посвящённой процессу перевода.

В тех случаях, когда я чувствую, что этой помощи мне не достаточно, я ищу образцы текста в книгах и статьях, где я могу найти правильную терминологию или образец употребления той или иной фразы. В частности, я рекомендую поиск в книгах на Google

http://books.google.com/bkshp?tab=wp

Нередко в процессе перевода я понимаю, что я должен изменить исходную фразу для того, чтобы она более адекватно выражала мою мысль на обоих языках. Поэтому я рассматриваю перевод как неотъемлемую часть работы над текстом и творческий процесс.

Изначально этот словарь был задуман как непосредственный помощник при написании статей. Хотя в интернете есть немало научных текстов, поиск того или иного термина или определения занимает немало времени. Поэтому я решил сохранять перевод терминов и определений, которые представляли для меня интерес и которые я встречал в книгах, изданных на обоих языках. Так появился словарь. Словарь составлялся постепенно. Постепенно объём словаря рос. Я решил сделать словарь доступным для других. Поэтому я постарался так же учесть пожелания, высказанные в ответ на предыдущие издания словаря. Этот словарь включает в себя только физические и математические термины. Если слово имеет альтернативный перевод или другой смысл в обычной речи, то эта информация в словаре отсутствует.

Я также включил в книгу двуязычный именной указатель. В этот список я также включал только те имена, которые встречал и в русском, и в английском текстах. Однако здесь есть ещё одна проблема, с которой я столкнулся при переводе статей. Далеко не всегда очевидна связь между записью и произношением имени. Было бы неплохо добавить транскрипцию, но я этого не сделал, так как у меня нет надёжного источника.

Глава 3

English Russian Dictionary

3.1. A

A-**valued function:** A-значная функция
Abelian group: абелевая группа
absolute convergence: абсолютная сходимость
absolute value: абсолютная величина; норма

EXAMPLE 3.1.1.
Absolute value on skew field D is a map

$$d \in D \to |d| \in R$$

which satisfies the following axioms
- $|a| \geq 0$
- $|a| = 0$ **if, and only if,** $a = 0$
- $|ab| = |a| \, |b|$
- $|a + b| \leq |a| + |b|$

Норма на теле D - это отображение

$$d \in D \to |d| \in R$$

такое, что
- $|a| \geq 0$
- $|a| = 0$ *равносильно* $a = 0$
- $|ab| = |a| \, |b|$
- $|a + b| \leq |a| + |b|$

□

absorption of photon: поглощение фотона
acceleration: ускорение
accelerator: ускоритель
according to theorem 2.1: согласно теореме 2.1

EXAMPLE 3.1.2.
According to theorem 2.1, triangles ABC and DBC are equal.
Согласно теореме 2.1 треугольники ABC и DBC равны. □

acknowledgement: благодарность; признательность
acute angle: острый угол
additive group: аддитивная группа
adjacent angle: смежный угол

adjoin: присоединить

EXAMPLE 3.1.3.

To derive equations of motion of a charged particle we adjoin Lorentz equations to Maxwell equations.

Для того, чтобы вывести уравнения движения заряда, мы присоединим уравнения Лоренца к уравнения Максвелла.   □

adjoint group: присоединённая группа

algebra bundle: расслоенная алгебра

algebraic: алгебраический

algebraic complement of matrix: алгебраическое дополнение матрицы

algebraic extension: алгебраическое расширение

alternation: альтернация

amperage: сила тока

amplitude: амплитуда

amplitude modulation: амплитудная модуляция

analytic function: аналитическая функция

angle: угол

angle of incidence: угол падения

angle of reflection: угол отражения

angle of refraction: угол преломления

angular momentum: момент количества движения

anholonomic coordinates: неголономные координаты

anholonomity: неголономность

anholonomity object: объект неголономности

annihilation operator: оператор уничтожения

annihilator: аннулятор

apocentre: апоцентр

approximation: приближение

arccosecant: арккосеканс

arccosine: арккосинус

arccotangent: арккотангенс

arcsecant: арксеканс

arcsine: арксинус

arctangent: арктангенс

arity: арность

as small as we please: сколь угодно малый

associative: ассоциативный

associative law: закон ассоциативности

associativity: ассоциативность

at first glance: на первый взгляд

at first sight: на первый взгляд

at least: по крайней мере

EXAMPLE 3.1.4.
At least in the neighborhood of the identity.
По крайней мере, в окрестности единичного элемента.   □

attractor: аттрактор
auto parallel line: автопараллельная кривая
axial symmetry: аксиальная симметрия
axiom of choice: аксиома выбора
axiom of separation: аксиома отделимости
axisymmetric: аксиально-симметричный

3.2. B

Banach algebra: банахова алгебра
Banach space: банахово пространство
base of fibered correspondence: база расслоенного соответствия
base of topology: базис топологии
basis for vector space: базис в векторном пространстве; базис векторного пространства
basis of vector space: базис в векторном пространстве; базис векторного пространства
behavior: поведение
Bell's theorem: теорема Белла
bijection: биекция
bimodule: бимодуль
binary: бинарный
Bott periodicity: периодичность Ботта
boundary: граница
boundary conditions: граничные условия
By Theorem 2,1: согласно теореме 2.1

EXAMPLE 3.2.1.
By Theorem 2.1, $a = b$.
Согласно теореме 2.1, $a = b$.   □

3.3. C

canonical map: каноническое отображение
Cartesian coordinate system: декартова система координат
Cartesian power: декартова степень
Cartesian product: декартово произведение
catalyst: катализатор
category: категория
Cauchy sequence: последовательность Коши
causal relationship: причинно-следственная связь
causal scalar field: причинное скалярное поле

causal vector field: причинное векторное поле
centrifugal: центробежный
centripetal: центростремительный
chain rule: правило дифференцирования сложной функции
change of coordinates: замена координат
change of variable: замена переменной
chaos: хаос
chart over U**:** тривиализация над U
closure of set: замыкание множества
closure operator: оператор замыкания
closure system: система замыканий
cloud cover: облачность
cluster point: точка прикосновения
coarsest topology: самая слабая топология
cofactor of matrix: алгебраическое дополнение матрицы
colloquia: коллоквиумы
colloquium: коллоквиум
column matrix: матрица столбец
column vector: вектор столбец
combinatorics: комбинаторика
commutative diagram: коммутативная диаграмма
commutativity: коммутативность
commutator: коммутатор
commute: коммутирует

EXAMPLE 3.3.1.
Position and momentum operators do not commute.
Операторы положения и импульса не коммутируют.   □

compact-open topology: компактно-открытая топология
comparable topology: сравнимые топологии
complete division ring: полное тело
complete field: полное поле
complete lattice: полная структура
complete revolution on its axis: полный оборот вокруг своей оси

EXAMPLE 3.3.2.
The Earth performs complete revolution on its axis in 23 hours, 56 minutes, and 4 seconds.
Земля совершает полный оборот вокруг оси за 23 часа, 56 минут и 4 секуды.   □

complete space: полное пространство
complete system: полная система
completely integrable: вполне интегрируемый
completing the square: метод выделения полного квадрата

completion of metric space: пополнение метрического пространства
complex field: поле комплексных чисел
componentwise: покомпонентно
conditions of integrability: условия интегрируемости
conformal transformation: конформное преобразование
congruence: конгруэнтность; согласованность
conjugate quaternion: сопряжённый кватернион
conjugation: сопряжение
connected group: связная группа
connection coefficients: коэффициенты связности
conservation law: закон сохранения
consider: рассматривать

> EXAMPLE 3.3.3.
> **Consider correspondence from set A to set B.**
> *Рассмотрим соответствие Φ из множества A в множество B.* □

contact point: точка прикосновения
continuous in neighborhood: непрерывен в окрестности
continuous in x: непрерывный по x
contradiction: противоречие

> EXAMPLE 3.3.4.
> **The contradiction completes the proof of the theorem.**
> *Полученное противоречие доказывает теорему.* □

contravariant: контравариантный
convection: конвекция
convention: соглашение

> EXAMPLE 3.3.5.
> **We use the convention that we present any set of vectors of the vector space as a row.**
> *Мы пользуемся соглашением, что в заданном векторном пространстве мы представляем любое семейство векторов в виде строки.* □

converge: сходиться

> EXAMPLE 3.3.6.
> **Filter $\mathfrak{F}$ converges to x.**
> *Фильтр $\mathfrak{F}$ сходится к x.* □

converse theorem: обратная теорема

> EXAMPLE 3.3.7.
> **Converse theorem does not follow from direct theorem.**
> *Обратная теорема не является следствием прямой теоремы.* □

conversely: обратно

convex function: выпуклая функция

coordinate chart: координатная карта

correlation: корреляция

correspondence from A **to** B: соответствие из A в B

cosecant: косеканс

cosine: косинус

cotangent: котангенс

countable set: счётное множество

countable subadditivity: счётная полуаддитивность

counter: счётчик

covariant: ковариантный

cover: покрытие

covering space: накрытие

EXAMPLE 3.3.8.

Consider the covering space $R \to S^1$ **of the circle** S^1 **defined by** $p(t) = (\sin t, \cos t)$ **for any** $t \in R$.

Рассмотрим накрытие $R \to S^1$ *окружности* S^1, *определённое формулой* $p(t) = (\sin t, \cos t)$ *для любого* $t \in R$.   □

Cramer's Rule: правило Крамера

creation operator: оператор рождения

crystal lattice: кристаллическая решётка

curve: кривая

curvilinear coordinates: криволинейные координаты

cycle: цикл

cyclic group: циклическая группа

3.4. D

D**-vector space:** D-векторное пространство

decomposition of map: разложение отображения

define: определяет

EXAMPLE 3.4.1.

This equation defines the inverse transformation.

Это уравнение определяет обратное преобразование.   □

degree of map: степень отображения

denominator: знаменатель

EXAMPLE 3.4.2.

Let us reduce items to a common denominator.

Приведём слагаемые к общему знаменателю.   □

dependence: зависимость

derivative of second or greater order with respect: производная второго или более высокого порядка по

develop equation: вывести уравнение

diagram of correspondences: диаграмма соответствий

difference: разность

difference module: фактор модуль

differentiability: дифференцируемость

differentiable function: дифференцируемая функция

differentiable in the Fréchet sense: дифференцируемый по Фреше

differentiable in the Gâteaux sense: дифференцируемый по Гато

differentiate the function with respect to x**:** дифференцировать функцию по x

diffraction: дифракция

diffusion: диффузия

discrete space: дискретное пространство

discrete topology: дискретная топология

distributive: дистрибутивный

distributive law: закон дистрибутивности

distributive property of multiplication over addition: дистрибутивность умножения относительно сложения

division ring: тело (кольцо с делением)

domain: область определения

Doppler effect: эффект Допплера

Doppler shift: смещение Допплера

downstairs: внизу

EXAMPLE 3.4.3.

We sum over any index which appears twice in the same term, once upstairs and once downstairs.

Подразумевается сумма по любому индексу, появляющемуся дважды в одном и том же слагаемом, один раз вверху, другой - внизу. □

dual module: двойственный модуль

dual vector space: двойственное векторное пространство

dynamics: динамика

3.5. E

eccentricity: эксцентриситет

echolocation: эхолокация

eclipse: затмение

eigenvalue: собственное значение

eigenvector: собственный вектор

elementary particle: элементарная частица

embedding: вложение

emission of photon: излучение фотона
endomorphism: эндоморфизм
energy: энергия
engine: двигатель
enhanced: расширенный
entire ring: целостное кольцо
entropy: энтропия
entry of matrix: элемент матрицы
envelope of a family of plane curves: огибающая семейства плоских кривых
enveloping algebra: обвёртывающая алгебра
equation is satisfied identically: уравнение удовлетворяется тождественно
equilateral triangle: равносторонний треугольник
equivalence class: класс эквивалентности
equivalence relation: эквивалентность
Erlanger Program: Эрлангенская программа
essential parameters in a set of functions: существенные параметры семейства функций
Euclidean metric: эвклидова метрика
Euclidean space: эвклидово пространство
evaluating by equating x **to the** a: подстановка a вместо x
event horizon: горизонт событий
event space: пространство событий
everywhere dense subset: всюду плотное множество
evidence: очевидность
evidently: очевидно

> EXAMPLE 3.5.1.
> **Evidently** $x = 1$ **is the root of the equation.**
> *Очевидно,* $x = 1$ *является корнем уравнения.* □

exact sequence of modules: точная последовательность модулей
extension field: расширение поля
extension of correspondence: продолжение соответствия
exterior differential: внешний дифференциал
exterior product: внешнее произведение
external algebra: внешняя алгебра
external power: внешняя степень
extremal: экстремальный
extreme: экстремальный
extreme line: экстремальная кривая

3.6. F

factor: множитель; разложить на множители; сомножитель

EXAMPLE 3.6.1.

To factor a polynomial means to find two or more polynomials whose product is the given polynomial.

Чтобы разложить многочлен на множители, необходимо найти два или более многочленов, произведение которых есть данный многочлен. □

factor group: факторгруппа
factor module of module M **by submodule** N: фактормодуль модуля M по подмодулю N
factorization: разложение на множители
fiber: слой
fibered correspondence: расслоенное соответствие
fibered map: морфизм расслоений
fibered product: расслоенное произведение
field of fractions of ring A: поле отношений кольца A; поле частных кольца A
field-strength tensor: тензор напряжённости поля
filter: фильтр
filter base: базис фильтра
finest topology: самая сильная топология
finite dimensional: конечномерный
finite set: конечное множество
Finsler metric: финслерова метрика
Finslerian metric: финслерова метрика
force: сила
frame dragging: увлечение системы отсчёта
the Fréchet derivative: производная Фреше
the Fréchet differential: дифференциал Фреше
free representation: свободное представление
frequency: частота
frequency modulation: частотная модуляция
friction: сила трения; трение
function f **of** x: функция f от x
functional: функционал
functor: функтор
fundamental sequence: фундаментальная последовательность

3.7. G

G-**principal bundle:** главное G-расслоение
galaxy: галактика
the Gâteaux derivative: производная Гато
the Gâteaux differential: дифференциал Гато
gauge invariance: калибровочная инвариантность

Gauss elimination method: метод исключения Гаусса
general relativity: общая теория относительности
generally speaking: вообще говоря
generated: порождённый

EXAMPLE 3.7.1.
Algebra A generated by the set S is a K-algebra
Алгебра A, порождённая множеством S, является K-алгеброй.

$\square$

generator: образующая
geometry: геометрия
Global Positioning System: глобальная система позиционирования
gluing functions: функции склеивания
Gram-Schmidt orthogonalization procedure: процесс ортогонализации Грама–Шмидта
graph: граф
graph theory: теория графов
gravity: гравитация
gravity probe: гравитационный зонд
greatest lower bound: точная нижняя грань
group bundle: расслоенная группа
gyroscope: гироскоп

3.8. H

Hadamard inverse: обращение Адамара
has relevance to: имеет отношение к
Hausdorff axiom of separation: хаусдорфова аксиома отделимости
Hausdorff space: хаусдорфово пространство
head of vector: конец вектора
helical structure: спиральная структура
helicity: спиральность
hermitian form: эрмитова форма
highest common factor of p and q: наибольший общий делитель p и q
holomorphic map: голоморфное отображение
holonomic coordinates: голономные координаты
homeomorphic: гомеоморфный
homeomorphism: гомеоморфизм
homogeneous: однородный
homogeneous Lorentz group: однородная группа Лоренца
homology: гомология
homomorphism: гомоморфизм
homotopic: гомотопный
homotopy: гомотопия

hyperfine splitting: сверхтонкое расщепление
hyperplane: гиперплоскость

3.9. I

identical particles: тождественные частицы
identification: отождествление
identification morphism: морфизм отождествления
identity: единичный элемент
iff: тогда и только тогда, когда

> EXAMPLE 3.9.1.
> $a = 0$ **iff** $a_i^j = 0$ **for any** i, j.
> *$a = 0$ тогда и только тогда, когда $a_i^j = 0$ для любых i, j.*   □

image under map: образ при отображении

> EXAMPLE 3.9.2.
> **We define the image of the set A under correspondence Φ according to law**
> $$A\Phi = \{b : (a, b) \in \Phi, a \in A\}$$
>
> *Мы определим образ множества A при соответствии Φ согласно равенству*
> $$A\Phi = \{b : (a, b) \in \Phi, a \in A\}$$
>
>   □

implicit function: неявная функция
in a similar way: подобным образом

> EXAMPLE 3.9.3.
> **In a similar way, we can introduce a coordinate reference frame.**
> *Подобным образом мы можем определить координатную систему отсчёта.*   □

in general: вообще говоря

> EXAMPLE 3.9.4.
> **However in general this product is not linear map.**
> *Однако, вообще говоря, это отображением не является линейным.*   □

indicatrix: индикатриса
inequation: неравенство
infinitesimal: бесконечно малая величина; бесконечно малый
inhomogeneous: неоднородный
inhomogeneous Lorentz group: неоднородная группа Лоренца

injection: инъекция
insulator: диэлектрик; изолятор
integrable map: интегрируемое отображение
integral domain: область целостности
integral of map: интеграл отображения
integrand: подынтегральное выражение
interaction: взаимодействие

EXAMPLE 3.9.5.
Based on differential geometry, general relativity describes gravitational interaction.

Общая теория относительности описывает гравитационное взаимодействие, опираясь на дифференциальную геометрию. □

interaction picture: представление взаимодействия
interference: интерференция
inverse transformation: обратное преобразование
irreducible representation: неприводимое представление
is related to: имеет отношение к
isosceles triangle: равнобедренный треугольник
isotropic vector: изотропный вектор
it is evident that: очевидно, что

EXAMPLE 3.9.6.
From (2.2), it is evident that any solution of (2.7) satisfies (2.9).

На основании (2.2) очевидно, что любое решение уравнения (2.7) удовлетворяет (2.9). □

3.10. J

Jacobian: якобиан
Jacobian matrix: матрица Якоби

3.11. K

kernel: ядро (отображения)
Kerr metric: метрика Керра
kinematics: кинематика
Klein bottle: бутылка Клейна
knot: узел

3.12. L

Lagrangian: лагранжиан
latitude: широта
lattice: структура (алгебраическая система)

leading coefficient of a polynomial: старший коэффициент многочлена

least common multiple: наименьшее общее кратное

least upper bound: точная верхняя грань

left distributive: дистрибутивен слева

left side of equation: левая часть равенства

L'Hôspital's rule: правило Лопиталя

lift of correspondence: лифт соответствия; подъём соответствия

lift of morphism: лифт морфизма; подъём морфизма

lift of vector field: лифт векторного поля; подъём векторного поля

limit: предел

limit of correspondence with respect to the filter: предел соответствия по фильтру

limit of sequence: предел последовательности

limit point: предельная точка

limit set: предельное множество

linear order: полная упорядоченость

linearly dependent: линейно зависимые

linearly independent: линейно независимые

little group: малая группа

locally compact space: локально компактное пространство

longitude: долгота

loop quantum gravity: петлевая квантовая гравитация

loop (quasigroup with unit element): лупа (квазигруппа с единицей)

Lorentz transformation: преобразование Лоренца

lower bound: нижняя грань

lower index: нижний индекс

lower limit of integration: нижний предел интегрирования

luminosity: светимость

3.13. M

the Mach principle: принцип Маха

manifolds with affine connections: пространство аффинной связности

mapping: отображение

mass: масса

massive particle: массивная частица

massless particle: безмассовая частица

mathematical: математический

mathematician: математик

mathematics: математика

mean value theorem: теорема о конечных приращениях

measure: измерять

measurement: измерение

method of successive differentiation: метод последовательного дифференцирования

metric-affine manifold: аффинно-метрическое многообразие

Milky Way: Млечный Путь

mixed system: смешанная система

modulate: модулировать

modulated wave: модулированная волна

modulation: модуляция

Moebius band: лист Мёбиуса

momentum: импульс

momentum operator: оператор импульса

monic polynomial: приведенный многочлен; унитарный многочлен

monomial: одночлен

monotone decreasing function: монотонно убывающая функция

monotone function: монотонная функция

monotone increasing function: монотонно возрастающая функция

monotonic function: монотонная функция

multiple root: кратный корень

multiplication: умножение

multiplication table: таблица умножения

multiplicative group: мультипликативная группа

multiplicity of x **in** f: кратность x в f

EXAMPLE 3.13.1.

If the multiplicity of a **is greater than** 1, **then** a **is called a multiple root.**

Если кратность a больше, чем 1, то a называется кратным корнем. □

multiply by 2: умножить на 2

multiply by b: умножить на b

multivariable map: отображение нескольких переменных

muon: мюон

mutually orthogonal: взаимно ортогональные; ортогональные друг другу; попарно ортогональные

mutually perpendicular: взаимно перпендикулярные; перпендикулярные друг другу

3.14. N

name index: именной указатель

natural mapping: естественное отображение

natural morphism: естественный морфизм

necessary and sufficient: необходимо и достаточно

EXAMPLE 3.14.1.

In order that any $x \in A$ is root of the system of linear equations

$$a_i^j x^i = 0$$

necessary and sufficient $a_i^j = 0$.

Для того, чтобы любое $x \in A$ было корнем системы линейных уравнений

$$a_i^j x^i = 0$$

необходимо и достаточно, чтобы $a_i^j = 0$.   □

necessary and sufficient condition: необходимое и достаточное условие

EXAMPLE 3.14.2.

The necessary and sufficient condition of complete integrability of system of differential equations

$$\frac{\partial x^{(i)}}{\partial x^k} = e_k^{(i)}$$

is the equality

$$c_{(k)(l)}^{(i)} = 0$$

where we introduced anholonomity object

$$c_{(k)(l)}^{(i)} = e_{(k)}^k e_{(l)}^l \left(\frac{\partial e_k^{(i)}}{\partial x^l} - \frac{\partial e_l^{(i)}}{\partial x^k} \right)$$

Необходимое и достаточное условие полной интегрируемости системы дифференциальных уравнений

$$\frac{\partial x^{(i)}}{\partial x^k} = e_k^{(i)}$$

это равенство

$$c_{(k)(l)}^{(i)} = 0$$

где мы вводим объект неголономности

$$c_{(k)(l)}^{(i)} = e_{(k)}^k e_{(l)}^l \left(\frac{\partial e_k^{(i)}}{\partial x^l} - \frac{\partial e_l^{(i)}}{\partial x^k} \right)$$

□

neighborhood: окрестность
neutrino: нейтрино
neutron: нейтрон
neutron star: нейтронная звезда
nitrogen: азот
non-Abelian group: неабелева группа
nondegenerate form: невырожденная форма

nontrivial: нетривиальный
norm: норма

> EXAMPLE 3.14.3.
> **Norm on Ω-group A is a map**
>
> $$d \in A \to \|d\| \in R$$
>
> **such that**
> - $\|a\| \geq 0$
> - $\|a\| = 0$ **iff,** $a = 0$
> - $\|a + b\| \leq \|a\| + \|b\|$
> - $\| - a\| = \|a\|$
>
> *Норма на Ω-группе A - это отображение*
>
> $$d \in A \to \|d\| \in R$$
>
> *такое, что*
> - $\|a\| \geq 0$
> - $\|a\| = 0$ *равносильно* $a = 0$
> - $\|a + b\| \leq \|a\| + \|b\|$
> - $\| - a\| = \|a\|$

◻

normed space: нормированное пространство
nucleus: ядро (атома)
numerator: числитель

3.15. O

obtain by differentiating: получить дифференцированием
obtuse angle: тупой угол
Occam's razor: бритва Оккама
octonion: октонион
operate: действовать

> EXAMPLE 3.15.1.
> **Operating on equation (1) with operator V yields an integral equation.**
> *Подействовав на уравнение (1) оператором V, получим интегральное уравнение.*

◻

opposite preordering: противоположная предупорядоченность
ordered set: упорядоченное множество
ordering: упорядоченность
orthonormal basis: ортонормированный базис

3.16. P

parallel transport: параллельный перенос
parallelepiped: параллелепипед
parity: чётность
partial differential equation: уравнение в частных производных
partial ordering: частичная упорядоченность
partition of unity: разбиение единицы; разложение единицы
Pasch's axiom: аксиома Паша
passage to the limit: предельный переход
pericentre: перицентр
perturbation: возмущение
pfaffian derivative: пфаффова производная
phenomena: явления
phenomenon: явление
photon: фотон
physical: физический
physicist: физик
physics: физика
point: точечный; точка
polology: полология
polyadditive map: полиаддитивное отображение
polylinear form: полилинейная форма
polynomial: многочлен; полином
polyvector: поливектор
poolback bundle: обратный образ расслоения; прообраз расслоения
position operator: оператор положения
positive definite form: положительно определённая форма
positive integer: натуральное число
postulate: постулат
power of set: мощность множества
precession: прецессия
preimage of set: прообраз множества
preordering: предупорядоченность
prime ideal: простой идеал
principal bundle: главное расслоение
principal ideal: главный идеал
probability: вероятность
problem: задача
proceeding in this way: продолжая таким образом; продолжив этот процесс
projection: проекция
projective plane: проективная плоскость
proof by induction: доказательство по индукции

propagation: распространение
proper state: собственное состояние
proper value: собственное значение
pseudo-Euclidean space: псевдоевклидовое пространство
pulsar: пульсар

3.17. Q

quadratic equation: квадратное уравнение
quantum: квантовый
quantum entanglement: квантовая запутанность
quark: кварк
quasar: квазар
quasigroup: квазигруппа
quaternion: кватернион
quotient bundle: фактор расслоение
quotient field of ring A**:** поле отношений кольца A; поле частных кольца A
quotient group: факторгруппа
quotient of 6 divided by 2: частное от деления 6 на 2
quotient ring: факторкольцо
quotient ring of A **by** S**:** кольцо отношений кольца A по S; кольцо частных кольца A по S
quotient set: фактор множество
quotient topology: фактортопология

3.18. R

radiation belt: радиационный пояс
range: множество значений; область значений
rational field: поле рациональных чисел
reactance: реактивное сопротивление
real function: числовая функция
real valued function: числовая функция
reciprocal image: обратный образ
rectifiable curve: спрямляемая кривая
reduced Cartesian product of bundles: приведенное декартово произведение расслоений
reduced fibered correspondence: приведенное расслоенное соответствие
reduced quadratic equation: приведенное квадратное уравнение
reduction of similar terms: приведение подобных
reference frame: система отсчёта
reflexive: рефлексивный
regression: регрессия
relation: отношение

relevance: важность; значимость; существенность

EXAMPLE 3.18.1.

Distinction between Lorentz and Poincaré groups is of no relevance here.

Различие между группами Лоренца и Пуанкаре для нас сейчас не важно.   □

remainder: остаток
remainder of the division: остаток от деления
remainder theorem: теорема о делении с остатком
repeated root: кратный корень
represent: представлять
residue: вычет
resistance: сопротивление
resistivity: удельное сопротивление
resonance: резонанс
restriction of correspondence Φ **to set** C: сужение соответствия Φ на множество C
retract: ретракт
retraction: ретракция
right angle: прямой угол
right distributive: дистрибутивен справа
right side of equation: правая часть равенства
ring of characteristic p: кольцо характеристики p
ring of fractions of A **by** S: кольцо отношений кольца A по S; кольцо частных кольца A по S
ring of integers: кольцо целых чисел
rotation group: группа вращения
row matrix: матрица строка
row vector: вектор строка

3.19. S

scale: масштаб
scattering: рассеяние
scattering amplitude: амплитуда рассеяния
scattering from crystal: рассеяние на кристалле
scattering theory: теория рассеяния
Schild's ladder: лестница Шилда
secant: секанс
second: секунда
section: сечение
segment: отрезок
seismology: сейсмология
semiconductor: полупроводник

semigroup: полугруппа

series: ряд (бесконечная сумма)

set of functions: семейство функций

set of power of continuum: множество мощности континуум

sieve of Eratosthenes: решето Эратосфена

similar triangles: подобные треугольники

simple polyvector: простой поливектор

simple ring: простое кольцо

simple root: простой корень

simplex: симплекс

simply connected: односвязный

sine: синус

single transitive representation: однотранзитивное представление

single variable map: отображение одной переменной

skew field: тело (кольцо с делением)

skew product of vectors: косое произведение векторов

skew-symmetric form: кососимметричная форма

skew-symmetric tensor: кососимметричный тензор

skyrmion: скирмион

solar eclipse: затмение Солнца

solution of differential equation: решение дифференциального уравнения

solve for the c**:** разрешить относительно c

> EXAMPLE 3.19.1.
> **Equation may be solved for the** c**.**
> *Уравнение можно разрешить относительно* c.   □

spacelike vector: пространственноподобный вектор

special relativity: специальная теория относительности

sphere: сфера

spherical coordinates: сферическая система координат; сферические координаты

spherical triangle: сферический треугольник

splittable algebra: расщепляемая алгебра

square root: квадратный корень

star-shaped domain: звёздная область

stationary state: стационарное состояние

strictly monotone function: строго монотонная функция

strictly monotonic function: строго монотонная функция

strongly monotone function: строго монотонная функция

strongly monotonic function: строго монотонная функция

structural constants: структурные константы

structure constants: структурные константы

subordinate: подчинённый

EXAMPLE 3.19.2.

For each open cover U_a of X there is a partition of unity $\{\varphi_b\}$ subordinate to the cover.

Для любого открытого покрытия U_a многообразия X существует разложение единицы $\{\varphi_b\}$, подчинённое покрытию. □

subtrahend: вычитаемое
summation convention: правило суммирования
summer solstice: летнее солнцестояние
surjection: сюръекция
symmetric: симметричный
symmetrization: симметрирование
symmetry: симметрия
synchronization procedure: процедура синхронизации
synchrotron: синхротрон
system of total differential equations: система уравнений в полных дифференциалах

3.20. T

tail of vector: начало вектора
tangent: тангенс
Taylor series: ряд Тейлора
Taylor series decomposition: разложение в ряд Тейлора
Taylor series expansion: разложение в ряд Тейлора
tensor of order 2: тензор валентности 2
tensor product: тензорное произведение
tetrahedron: тетраэдр
there exist: существует

EXAMPLE 3.20.1.

There exists a positive integer N such that equations F_1, ..., F_N are compatible.

Существует такое положительное целое число N, что уравнения F_1, ..., F_N совместны. □

thermocouple: термопара
tidal acceleration: приливное ускорение
timelike vector: времениподобный вектор
to be coarser than: минорировать

EXAMPLE 3.20.2.
Filter $\mathfrak{F}$ is coarser than filter $\mathfrak{B}$.
Фильтр $\mathfrak{F}$ минорирует фильтр $\mathfrak{B}$. □

EXAMPLE 3.20.3.
Topology $\mathfrak{T}_1$ is coarser than topology $\mathfrak{T}_2$.
Топология $\mathfrak{T}_1$ минорирует топологию $\mathfrak{T}_2$. □

to be finer than: мажорировать

> EXAMPLE 3.20.4.
> **Filter $\mathfrak{F}$ is finer than filter $\mathfrak{B}$.**
> *Фильтр $\mathfrak{F}$ мажорирует фильтр $\mathfrak{B}$.*   □

> EXAMPLE 3.20.5.
> **Topology $\mathfrak{T}_1$ is finer than topology $\mathfrak{T}_2$.**
> *Топология $\mathfrak{T}_1$ мажорирует топологию $\mathfrak{T}_2$.*   □

topological space: топологическое пространство
topology: топология
torsion: кручение
torus: тор
total differential: полный дифференциал
total order: линейная упорядоченность; полная упорядоченость
total ordering: линейная упорядоченность; полная упорядоченость
total space: тотальное пространство расслоения
trajectory: траектория
transition function: функция перехода
transitive: транзитивный
triangle: треугольник
trigonometrical: тригонометрический
trigonometry: тригонометрия
trivial: тривиальный
Tunguska Cosmic Body: тунгусский метеорит
tuple: кортеж
turbulence: турбулентность
twin representation: парное представление
two-sided ideal: двусторонний идеал

3.21. U

uniform continuity: равномерная непрерывность
uniform convergence: равномерная сходимость
uniform space: равномерное пространство
uniformly continuous function: равномерно непрерывная функция
unit sphere: единичная сфера
unless otherwise stated: если не оговорено противное
up to notation: с точностью до обозначений

> EXAMPLE 3.21.1.
> **I can repeat, up to notation, proof of theorem 2.1.**
> *Я могу с точностью до обозначений повторить доказательство теоремы 2.1.*   □

upper bound: верхняя грань

upper index: верхний индекс
upper limit of integration: верхний предел интегрирования
upstairs: вверху

EXAMPLE 3.21.2.
We sum over any index which appears twice in the same term, once upstairs and once downstairs.

Подразумевается сумма по любому индексу, появляющемуся дважды в одном и том же слагаемом, один раз вверху, другой - внизу. □

3.22. V

valued division ring: нормированное тело
valued field: нормированное поле
valued skew field: нормированное тело
variable: переменная
vector bundle: векторное расслоение
vector function: вектор-функция
vector space: векторное пространство
verify directly: непосредственная проверка доказывает

EXAMPLE 3.22.1.
We verify directly that A is linear map.
Непосредственная проверка показывает, что A - линейный оператор. □

EXAMPLE 3.22.2.
We verify the statement of the theorem directly.
Мы можем доказать утверждение теоремы непосредственной проверкой. □

vertex: вершина
vertical: вертикальный
vertices: вершины
viscosity: вязкость
voltage: напряжение

3.23. W

wave: волна
Weierstrass M test: признак Вейерштрасса
Weierstrass majorant test: признак Вейерштрасса
weightlessness: невесомость
winter solstice: зимнее солнцестояние
without loss of generality: не нарушая общности; не уменьшая общности

3.24. Z

Zermelo proposition: теорема Цермело
zero divisor: делитель нуля

Глава 4

Русско английский словарь

4.1. A

A-**значная функция:** *A*-valued function

4.2. D

D-**векторное пространство:** *D*-vector space

4.3. A

абелевая группа: Abelian group

абсолютная величина: absolute value

абсолютная сходимость: absolute convergence

автопараллельная кривая: auto parallel line

аддитивная группа: additive group

азот: nitrogen

аксиальная симметрия: axial symmetry

аксиально-симметричный: axisymmetric

аксиома выбора: axiom of choice

аксиома отделимости: axiom of separation

аксиома Паша: Pasch's axiom

алгебраический: algebraic

алгебраическое дополнение матрицы: algebraic complement of matrix; cofactor of matrix

алгебраическое расширение: algebraic extension

альтернация: alternation

амплитуда: amplitude

амплитуда рассеяния: scattering amplitude

амплитудная модуляция: amplitude modulation

аналитическая функция: analytic function

аннулятор: annihilator

апоцентр: apocentre

арккосеканс: arccosecant

арккосинус: arccosine

арккотангенс: arccotangent

арксеканс: arcsecant

арксинус: arcsine

арктангенс: arctangent

арность: arity
ассоциативность: associativity
ассоциативный: associative
аттрактор: attractor
аффинно-метрическое многообразие: metric-affine manifold

4.4. Б

база расслоенного соответствия: base of fibered correspondence
базис в векторном пространстве: basis for vector space; basis of vector space
базис векторного пространства: basis for vector space; basis of vector space
базис топологии: base of topology
базис фильтра: filter base
банахова алгебра: Banach algebra
банахово пространство: Banach space
безмассовая частица: massless particle
бесконечно малая величина: infinitesimal
бесконечно малый: infinitesimal
биекция: bijection
бимодуль: bimodule
бинарный: binary
благодарность: acknowledgement
бритва Оккама: Occam's razor
бутылка Клейна: Klein bottle

4.5. В

важность: relevance

ПРИМЕР 4.5.1.

Различие между группами Лоренца и Пуанкаре для нас сейчас не важно.

Distinction between Lorentz and Poincaré groups is of no relevance here.   □

вверху: upstairs

ПРИМЕР 4.5.2.

Подразумевается сумма по любому индексу, появляющемуся дважды в одном и том же слагаемом, один раз вверху, другой - внизу.

We sum over any index which appears twice in the same term, once upstairs and once downstairs.   □

вектор столбец: column vector

вектор строка: row vector
векторное пространство: vector space
векторное расслоение: vector bundle
вектор-функция: vector function
вероятность: probability
вертикальный: vertical
верхний индекс: upper index
верхний предел интегрирования: upper limit of integration
верхняя грань: upper bound
вершина: vertex
вершины: vertices
взаимно ортогональные: mutually orthogonal
взаимно перпендикулярные: mutually perpendicular
взаимодействие: interaction

ПРИМЕР 4.5.3.

Общая теория относительности описывает гравитационное взаимодействие, опираясь на дифференциальную геометрию.

Based on differential geometry, general relativity describes gravitational interaction. □

вложение: embedding
внешнее произведение: exterior product
внешний дифференциал: exterior differential
внешняя алгебра: external algebra
внешняя степень: external power
внизу: downstairs

ПРИМЕР 4.5.4.

Подразумевается сумма по любому индексу, появляющемуся дважды в одном и том же слагаемом, один раз вверху, другой - внизу.

We sum over any index which appears twice in the same term, once upstairs and once downstairs. □

возмущение: perturbation
волна: wave
вообще говоря: generally speaking; in general

ПРИМЕР 4.5.5.

Однако, вообще говоря, это отображением не является линейным.

However in general this product is not linear map. □

вполне интегрируемый: completely integrable
времениподобный вектор: timelike vector

всюду плотное множество: everywhere dense subset
вывести уравнение: develop equation
выпуклая функция: convex function
вычет: residue
вычитаемое: subtrahend
вязкость: viscosity

4.6. Г

галактика: galaxy
геометрия: geometry
гиперплоскость: hyperplane
гироскоп: gyroscope
главное G-расслоение: G-principal bundle
главное расслоение: principal bundle
главный идеал: principal ideal
глобальная система позиционирования: Global Positioning System
голоморфное отображение: holomorphic map
голономные координаты: holonomic coordinates
гомеоморфизм: homeomorphism
гомеоморфный: homeomorphic
гомология: homology
гомоморфизм: homomorphism
гомотопия: homotopy
гомотопный: homotopic
горизонт событий: event horizon
гравитационный зонд: gravity probe
гравитация: gravity
граница: boundary
граничные условия: boundary conditions
граф: graph
группа вращения: rotation group

4.7. Д

двигатель: engine
двойственное векторное пространство: dual vector space
двойственный модуль: dual module
двусторонний идеал: two-sided ideal
действовать: operate

ПРИМЕР 4.7.1.
Подействовав на уравнение (1) оператором V, получим интегральное уравнение.

Operating on equation (1) with operator V yields an integral equation.

□

декартова система координат: Cartesian coordinate system

декартова степень: Cartesian power

декартово произведение: Cartesian product

делитель нуля: zero divisor

диаграмма соответствий: diagram of correspondences

динамика: dynamics

дискретная топология: discrete topology

дискретное пространство: discrete space

дистрибутивен слева: left distributive

дистрибутивен справа: right distributive

дистрибутивность умножения относительно сложения: distributive property of multiplication over addition

дистрибутивный: distributive

дифракция: diffraction

дифференциал Гато: the Gâteaux differential

дифференциал Фреше: the Fréchet differential

дифференцировать функцию по x**:** differentiate the function with respect to x

дифференцируемая функция: differentiable function

дифференцируемость: differentiability

дифференцируемый по Гато: differentiable in the Gâteaux sense

дифференцируемый по Фреше: differentiable in the Fréchet sense

диффузия: diffusion

диэлектрик: insulator

доказательство по индукции: proof by induction

долгота: longitude

4.8. Е

единичная сфера: unit sphere

единичный элемент: identity

если не оговорено противное: unless otherwise stated

естественное отображение: natural mapping

естественный морфизм: natural morphism

4.9. З

зависимость: dependence

задача: problem

закон ассоциативности: associative law

закон дистрибутивности: distributive law

закон сохранения: conservation law

замена координат: change of coordinates

замена переменной: change of variable

замыкание множества: closure of set

затмение: eclipse
затмение Солнца: solar eclipse
звёздная область: star-shaped domain
зимнее солнцестояние: winter solstice
знаменатель: denominator

> ПРИМЕР 4.9.1.
> **Приведём слагаемые к общему знаменателю.**
> *Let us reduce items to a common denominator.*   □

значимость: relevance

4.10. И

излучение фотона: emission of photon
измерение: measurement
измерять: measure
изолятор: insulator
изотропный вектор: isotropic vector
имеет отношение к: has relevance to; is related to
именной указатель: name index
импульс: momentum
индикатриса: indicatrix
интеграл отображения: integral of map
интегрируемое отображение: integrable map
интерференция: interference
инъекция: injection

4.11. К

калибровочная инвариантность: gauge invariance
каноническое отображение: canonical map
катализатор: catalyst
категория: category
квадратное уравнение: quadratic equation
квадратный корень: square root
квазар: quasar
квазигруппа: quasigroup
квантовая запутанность: quantum entanglement
квантовый: quantum
кварк: quark
кватернион: quaternion
кинематика: kinematics
класс эквивалентности: equivalence class
ковариантный: covariant
коллоквиум: colloquium

коллоквиумы: colloquia

кольцо отношений кольца A **по** S: quotient ring of A by S; ring of fractions of A by S

кольцо характеристики p: ring of characteristic p

кольцо целых чисел: ring of integers

кольцо частных кольца A **по** S: quotient ring of A by S; ring of fractions of A by S

комбинаторика: combinatorics

коммутативная диаграмма: commutative diagram

коммутативность: commutativity

коммутатор: commutator

коммутирует: commute

ПРИМЕР 4.11.1.

Операторы положения и импульса не коммутируют.

Position and momentum operators do not commute.   □

компактно-открытая топология: compact-open topology

конвекция: convection

конгруэнтность: congruence

конец вектора: head of vector

конечное множество: finite set

конечномерный: finite dimensional

контравариантный: contravariant

конформное преобразование: conformal transformation

координатная карта: coordinate chart

корреляция: correlation

кортеж: tuple

косеканс: cosecant

косинус: cosine

косое произведение векторов: skew product of vectors

кососимметричная форма: skew-symmetric form

кососимметричный тензор: skew-symmetric tensor

котангенс: cotangent

коэффициенты связности: connection coefficients

кратность x **в** f: multiplicity of x in f

ПРИМЕР 4.11.2.

Если кратность a **больше, чем 1, то** a **называется кратным корнем.**

If the multiplicity of a is greater than 1, then a is called a multiple root.   □

кратный корень: multiple root; repeated root

кривая: curve

криволинейные координаты: curvilinear coordinates

кристаллическая решётка: crystal lattice
кручение: torsion

4.12. Л

лагранжиан: Lagrangian
левая часть равенства: left side of equation
лестница Шилда: Schild's ladder
летнее солнцестояние: summer solstice
линейная упорядоченность: total order; total ordering
линейно зависимые: linearly dependent
линейно независимые: linearly independent
лист Мёбиуса: Moebius band
лифт векторного поля: lift of vector field
лифт морфизма: lift of morphism
лифт соответствия: lift of correspondence
локально компактное пространство: locally compact space
лупа (квазигруппа с единицей): loop (quasigroup with unit element)

4.13. М

мажорировать: to be finer than

> ПРИМЕР 4.13.1.
> **Фильтр $\mathfrak{F}$ мажорирует фильтр $\mathfrak{B}$.**
> *Filter $\mathfrak{F}$ is finer than filter $\mathfrak{B}$.*   □

> ПРИМЕР 4.13.2.
> **Топология $\mathfrak{T}_1$ мажорирует топологию $\mathfrak{T}_2$.**
> *Topology $\mathfrak{T}_1$ is finer than topology $\mathfrak{T}_2$.*   □

малая группа: little group
масса: mass
массивная частица: massive particle
масштаб: scale
математик: mathematician
математика: mathematics
математический: mathematical
матрица столбец: column matrix
матрица строка: row matrix
матрица Якоби: Jacobian matrix
метод выделения полного квадрата: completing the square
метод исключения Гаусса: Gauss elimination method
метод последовательного дифференцирования: method of successive differentiation
метрика Керра: Kerr metric
минорировать: to be coarser than

Пример 4.13.3.

Фильтр $\mathfrak{F}$ минорирует фильтр $\mathfrak{B}$.

Filter $\mathfrak{F}$ is coarser than filter $\mathfrak{B}$.   □

Пример 4.13.4.

Топология $\mathfrak{T}_1$ минорирует топологию $\mathfrak{T}_2$.

Topology $\mathfrak{T}_1$ is coarser than topology $\mathfrak{T}_2$.   □

Млечный Путь: Milky Way

многочлен: polynomial

множество значений: range

множество мощности континуум: set of power of continuum

множитель: factor

модулированная волна: modulated wave

модулировать: modulate

модуляция: modulation

момент количества движения: angular momentum

монотонная функция: monotone function; monotonic function

монотонно возрастающая функция : monotone increasing function

монотонно убывающая функция: monotone decreasing function

морфизм отождествления: identification morphism

морфизм расслоений: fibered map

мощность множества: power of set

мультипликативная группа: multiplicative group

мюон: muon

4.14. H

на первый взгляд: at first glance; at first sight

наибольший общий делитель p и q: highest common factor of p and q

наименьшее общее кратное: least common multiple

накрытие: covering space

Пример 4.14.1.

Рассмотрим накрытие $R \to S^1$ окружности S^1, определён-ное формулой $p(t) = (\sin t, \cos t)$ для любого $t \in R$.

Consider the covering space $R \to S^1$ of the circle S^1 defined by $p(t) = (\sin t, \cos t)$ for any $t \in R$.   □

напряжение: voltage

натуральное число: positive integer

начало вектора: tail of vector

не нарушая общности: without loss of generality

не уменьшая общности: without loss of generality

неабелевая группа: non-Abelian group

невесомость: weightlessness

невырожденная форма: nondegenerate form

неголономность: anholonomity

неголономные координаты: anholonomic coordinates

нейтрино: neutrino

нейтрон: neutron

нейтронная звезда: neutron star

необходимо и достаточно: necessary and sufficient

ПРИМЕР 4.14.2.

Для того, чтобы любое $x \in A$ было корнем системы линейных уравнений

$$a_i^j x^i = 0$$

необходимо и достаточно, чтобы $a_i^j = 0$.

In order that any $x \in A$ is root of the system of linear equations

$$a_i^j x^i = 0$$

necessary and sufficient $a_i^j = 0$.   □

необходимое и достаточное условие: necessary and sufficient condition

ПРИМЕР 4.14.3.

Необходимое и достаточное условие полной интегрируемости системы дифференциальных уравнений

$$\frac{\partial x^{(i)}}{\partial x^k} = e_k^{(i)}$$

это равенство

$$c_{(k)(l)}^{(i)} = 0$$

где мы вводим объект неголономности

$$c_{(k)(l)}^{(i)} = e_{(k)}^k e_{(l)}^l \left(\frac{\partial e_k^{(i)}}{\partial x^l} - \frac{\partial e_l^{(i)}}{\partial x^k} \right)$$

The necessary and sufficient condition of complete integrability of system of differential equations

$$\frac{\partial x^{(i)}}{\partial x^k} = e_k^{(i)}$$

is the equality

$$c_{(k)(l)}^{(i)} = 0$$

where we introduced anholonomity object

$$c_{(k)(l)}^{(i)} = e_{(k)}^k e_{(l)}^l \left(\frac{\partial e_k^{(i)}}{\partial x^l} - \frac{\partial e_l^{(i)}}{\partial x^k} \right)$$

□

неоднородная группа Лоренца: inhomogeneous Lorentz group

неоднородный: inhomogeneous
непосредственная проверка доказывает: verify directly

ПРИМЕР 4.14.4.

Непосредственная проверка показывает, что A - линейный оператор.

We verify directly that A is linear map.   □

ПРИМЕР 4.14.5.

Мы можем доказать утверждение теоремы непосредствен-ной проверкой.

We verify the statement of the theorem directly.   □

непрерывен в окрестности: continuous in neighborhood
непрерывный по x**:** continuous in x
неприводимое представление: irreducible representation
неравенство: inequation
нетривиальный: nontrivial
неявная функция: implicit function
нижний индекс: lower index
нижний предел интегрирования: lower limit of integration
нижняя грань: lower bound
норма: absolute value; norm

ПРИМЕР 4.14.6.

Норма на Ω-группе A - это отображение

$$d \in A \to \|d\| \in R$$

такое, что

- $\|a\| \geq 0$
- $\|a\| = 0$ **равносильно** $a = 0$
- $\|a + b\| \leq \|a\| + \|b\|$
- $\|-a\| = \|a\|$

Norm on Ω-group A is a map

$$d \in A \to \|d\| \in R$$

such that

- $\|a\| \geq 0$
- $\|a\| = 0$ *iff,* $a = 0$
- $\|a + b\| \leq \|a\| + \|b\|$
- $\|-a\| = \|a\|$

□

ПРИМЕР 4.14.7.

Норма на теле D - это отображение

$$d \in D \to |d| \in R$$

такое, что

- $|a| \geq 0$
- $|a| = 0$ **равносильно** $a = 0$
- $|ab| = |a|\ |b|$
- $|a + b| \leq |a| + |b|$

  Absolute value on skew field D is a map

$$d \in D \to |d| \in R$$

which satisfies the following axioms

- $|a| \geq 0$
- $|a| = 0$ *if, and only if, $a = 0$*
- $|ab| = |a|\ |b|$
- $|a + b| \leq |a| + |b|$

$\square$

нормированное поле: valued field
нормированное пространство: normed space
нормированное тело: valued division ring; valued skew field

4.15. O

обвёртывающая алгебра: enveloping algebra
область значений: range
область определения: domain
область целостности: integral domain
облачность: cloud cover
образ при отображении: image under map

Пример 4.15.1.

Мы определим образ множества A при соответствии Φ согласно равенству

$$A\Phi = \{b : (a, b) \in \Phi, a \in A\}$$

We define the image of the set A under correspondence Φ according to law

$$A\Phi = \{b : (a, b) \in \Phi, a \in A\}$$

$\square$

образующая: generator
обратная теорема: converse theorem

Пример 4.15.2.

Обратная теорема не является следствием прямой теоремы.

Converse theorem does not follow from direct theorem. $\square$

обратно: conversely
обратное преобразование: inverse transformation

обратный образ: reciprocal image

обратный образ расслоения: poolback bundle

обращение Адамара: Hadamard inverse

общая теория относительности: general relativity

объект неголономности: anholonomity object

огибающая семейства плоских кривых: envelope of a family of plane curves

однородная группа Лоренца: homogeneous Lorentz group

однородный: homogeneous

односвязный: simply connected

однотранзитивное представление: single transitive representation

одночлен: monomial

окрестность: neighborhood

октонион: octonion

оператор замыкания: closure operator

оператор импульса: momentum operator

оператор положения: position operator

оператор рождения: creation operator

оператор уничтожения: annihilation operator

определяет: define

> Пример 4.15.3.
> **Это уравнение определяет обратное преобразование.**
> *This equation defines the inverse transformation.* □

ортогональные друг другу: mutually orthogonal

ортонормированный базис: orthonormal basis

остаток: remainder

остаток от деления: remainder of the division

острый угол: acute angle

отношение: relation

отображение: mapping

отображение нескольких переменных: multivariable map

отображение одной переменной: single variable map

отождествление: identification

отрезок: segment

очевидно: evidently

> Пример 4.15.4.
> **Очевидно, $x = 1$ является корнем уравнения.**
> *Evidently $x = 1$ is the root of the equation.* □

очевидно, что: it is evident that

> Пример 4.15.5.
> **На основании (2.2) очевидно, что любое решение уравнения (2.7) удовлетворяет (2.9).**

From (2.2), it is evident that any solution of (2.7) satisfies (2.9).   □

очевидность: evidence

4.16. П

параллелепипед: parallelepiped
параллельный перенос: parallel transport
парное представление: twin representation
переменная: variable
периодичность Ботта: Bott periodicity
перицентр: pericentre
перпендикулярные друг другу: mutually perpendicular
петлевая квантовая гравитация: loop quantum gravity
по крайней мере: at least

> ПРИМЕР 4.16.1.
> **По крайней мере, в окрестности единичного элемента.**
> *At least in the neighborhood of the identity.*   □

поведение: behavior
поглощение фотона: absorption of photon
подобные треугольники: similar triangles
подобным образом: in a similar way

> ПРИМЕР 4.16.2.
> **Подобным образом мы можем определить координатную систему отсчёта.**
> *In a similar way, we can introduce a coordinate reference frame.*   □

подстановка a **вместо** x**:** evaluating by equating x to the a
подчинённый: subordinate

> ПРИМЕР 4.16.3.
> **Для любого открытого покрытия** U_a **многообразия** X **существует разложение единицы** $\{\varphi_b\}$**, подчинённое покрытию.**
> *For each open cover U_a of X there is a partition of unity $\{\varphi_b\}$ subordinate to the cover.*   □

подъём векторного поля: lift of vector field
подъём морфизма: lift of morphism
подъём соответствия: lift of correspondence
подынтегральное выражение: integrand
покомпонентно: componentwise
покрытие: cover
поле комплексных чисел: complex field
поле отношений кольца A**:** field of fractions of ring A; quotient field of ring A

поле рациональных чисел: rational field

поле частных кольца A**:** field of fractions of ring A; quotient field of
ring A

полиаддитивное отображение: polyadditive map

поливектор: polyvector

полилинейная форма: polylinear form

полином: polynomial

полная система: complete system

полная структура: complete lattice

полная упорядоченость: linear order; total order; total ordering

полное поле: complete field

полное пространство: complete space

полное тело: complete division ring

полный дифференциал: total differential

полный оборот вокруг своей оси: complete revolution on its axis

ПРИМЕР 4.16.4.

**Земля совершает полный оборот вокруг оси за 23 часа, 56
минут и 4 секуды.**

*The Earth performs complete revolution on its axis in 23 hours, 56
minutes, and 4 seconds.*   □

положительно определённая форма: positive definite form

пология: polology

полугруппа: semigroup

полупроводник: semiconductor

получить дифференцированием: obtain by differentiating

попарно ортогональные: mutually orthogonal

пополнение метрического пространства: completion of metric space

порождённый: generated

ПРИМЕР 4.16.5.

Алгебра A**, порождённая множеством** S**, является** K**-ал-
геброй.**

Algebra A generated by the set S is a K-algebra   □

последовательность Коши: Cauchy sequence

постулат: postulate

правая часть равенства: right side of equation

правило дифференцирования сложной функции: chain rule

правило Крамера: Cramer's Rule

правило Лопиталя: L'Hôspital's rule

правило суммирования: summation convention

предел: limit

предел последовательности: limit of sequence

предел соответствия по фильтру: limit of correspondence with respect to the filter

предельная точка: limit point

предельное множество: limit set

предельный переход: passage to the limit

представление взаимодействия: interaction picture

представлять: represent

предупорядоченность: preordering

преобразование Лоренца: Lorentz transformation

прецессия: precession

приближение: approximation

приведение подобных: reduction of similar terms

приведенное декартово произведение расслоений: reduced Cartesian product of bundles

приведенное квадратное уравнение: reduced quadratic equation

приведенное расслоенное соответствие: reduced fibered correspondence

приведенный многочлен: monic polynomial

признак Вейерштрасса: Weierstrass M test; Weierstrass majorant test

признательность: acknowledgement

приливное ускорение: tidal acceleration

принцип Маха: the Mach principle

присоединённая группа: adjoint group

присоединить: adjoin

ПРИМЕР 4.16.6.

Для того, чтобы вывести уравнения движения заряда, мы присоединим уравнения Лоренца к уравнения Максвелла.

To derive equations of motion of a charged particle we adjoin Lorentz equations to Maxwell equations. □

причинное векторное поле: causal vector field

причинное скалярное поле: causal scalar field

причинно-следственная связь: causal relationship

продолжая таким образом: proceeding in this way

продолжение соответствия: extension of correspondence

продолжив этот процесс: proceeding in this way

проективная плоскость: projective plane

проекция: projection

производная второго или более высокого порядка по : derivative of second or greater order with respect

производная Гато: the Gâteaux derivative

производная Фреше: the Fréchet derivative

прообраз множества: preimage of set

прообраз расслоения: poolback bundle

простое кольцо: simple ring
простой идеал: prime ideal
простой корень: simple root
простой поливектор: simple polyvector
пространственноподобный вектор: spacelike vector
пространство аффинной связности: manifolds with affine connections
пространство событий: event space
противоположная предупорядоченность: opposite preordering
противоречие: contradiction

ПРИМЕР 4.16.7.
Полученное противоречие доказывает теорему.
The contradiction completes the proof of the theorem. □

процедура синхронизации: synchronization procedure
процесс ортогонализации Грама–Шмидта: Gram-Schmidt orthogonalization procedure
прямой угол: right angle
псевдоевклидовое пространство: pseudo-Euclidean space
пульсар: pulsar
пфаффова производная: pfaffian derivative

4.17. Р

равнобедренный треугольник: isosceles triangle
равномерная непрерывность: uniform continuity
равномерная сходимость: uniform convergence
равномерно непрерывная функция: uniformly continuous function
равномерное пространство: uniform space
равносторонний треугольник: equilateral triangle
радиационный пояс: radiation belt
разбиение единицы: partition of unity
разложение в ряд Тейлора: Taylor series decomposition; Taylor series expansion
разложение единицы: partition of unity
разложение на множители: factorization
разложение отображения: decomposition of map
разложить на множители: factor

ПРИМЕР 4.17.1.
Чтобы разложить многочлен на множители, необходимо найти два или более многочленов, произведение которых есть данный многочлен.
To factor a polynomial means to find two or more polynomials whose product is the given polynomial. □

разность: difference

разрешить относительно c: solve for the c

> Пример 4.17.2.
> **Уравнение можно разрешить относительно** c.
> *Equation may be solved for the c.*   □

распространение: propagation
рассеяние: scattering
рассеяние на кристалле: scattering from crystal
расслоенная алгебра: algebra bundle
расслоенная группа: group bundle
расслоенное произведение: fibered product
расслоенное соответствие: fibered correspondence
рассматривать: consider

> Пример 4.17.3.
> **Рассмотрим соответствие** Φ **из множества** A **в множество**
> B.
> *Consider correspondence from set A to set B.*   □

расширение поля: extension field
расширенный: enhanced
расщепляемая алгебра: splittable algebra
реактивное сопротивление: reactance
регрессия: regression
резонанс: resonance
ретракт: retract
ретракция: retraction
рефлексивный: reflexive
решение дифференциального уравнения: solution of differential equation
решето Эратосфена: sieve of Eratosthenes
ряд (бесконечная сумма): series
ряд Тейлора: Taylor series

4.18. С

с точностью до обозначений: up to notation

> Пример 4.18.1.
> **Я могу с точностью до обозначений повторить доказательство теоремы 2.1.**
> *I can repeat, up to notation, proof of theorem 2.1.*   □

самая сильная топология: finest topology
самая слабая топология: coarsest topology
сверхтонкое расщепление: hyperfine splitting
светимость: luminosity

свободное представление: free representation

связная группа: connected group

сейсмология: seismology

секанс: secant

секунда: second

семейство функций: set of functions

сечение: section

сила: force

сила тока: amperage

сила трения: friction

симметрирование: symmetrization

симметричный: symmetric

симметрия: symmetry

симплекс: simplex

синус: sine

синхротрон: synchrotron

система замыканий: closure system

система отсчёта: reference frame

система уравнений в полных дифференциалах: system of total differential equations

скирмион: skyrmion

сколь угодно малый: as small as we please

слой: fiber

смежный угол: adjacent angle

смешанная система: mixed system

смещение Допплера: Doppler shift

собственное значение: eigenvalue; proper value

собственное состояние: proper state

собственный вектор: eigenvector

согласно теореме 2.1: according to theorem 2.1; By Theorem 2,1

ПРИМЕР 4.18.2.
Согласно теореме 2.1 треугольники ABC и DBC равны.
According to theorem 2.1, triangles ABC and DBC are equal. □

ПРИМЕР 4.18.3.
Согласно теореме 2.1, $a = b$.
By Theorem 2.1, $a = b$. □

согласованность: congruence

соглашение: convention

ПРИМЕР 4.18.4.
Мы пользуемся соглашением, что в заданном векторном пространстве мы представляем любое семейство векторов в виде строки.

We use the convention that we present any set of vectors of the vector space as a row.   □

сомножитель: factor

соответствие из A **в** B: correspondence from A to B

сопротивление: resistance

сопряжение: conjugation

сопряжённое пространство:

сопряжённый кватернион: conjugate quaternion

специальная теория относительности: special relativity

спиральная структура: helical structure

спиральность: helicity

спрямляемая кривая: rectifiable curve

сравнимые топологии: comparable topology

старший коэффициент многочлена: leading coefficient of a polynomial

стационарное состояние: stationary state

степень отображения: degree of map

строго монотонная функция: strictly monotone function; strictly monotonic function; strongly monotone function; strongly monotonic function

структура (алгебраическая система): lattice

структурные константы: structural constants; structure constants

сужение соответствия Φ **на множество** C: restriction of correspondence Φ to set C

существенность: relevance

существенные параметры семейства функций: essential parameters in a set of functions

существует: there exist

Пример 4.18.5.

Существует такое положительное целое число N**, что уравнения** F_1, ..., F_N **совместны.**

There exists a positive integer N such that equations F_1, ..., F_N are compatible.   □

сфера: sphere

сферическая система координат: spherical coordinates

сферические координаты: spherical coordinates

сферический треугольник: spherical triangle

сходиться: converge

Пример 4.18.6.

Фильтр $\mathfrak{F}$ **сходится к** x**.**

Filter $\mathfrak{F}$ converges to x.   □

счётная полуаддитивность: countable subadditivity

счётное множество: countable set
счётчик: counter
сюръекция: surjection

4.19. T

таблица умножения: multiplication table
тангенс: tangent
тело (кольцо с делением): division ring; skew field
тензор валентности 2: tensor of order 2
тензор напряжённости поля: field-strength tensor
тензорное произведение: tensor product
теорема Белла: Bell's theorem
теорема о делении с остатком: remainder theorem
теорема о конечных приращениях: mean value theorem
теорема Цермело: Zermelo proposition
теория графов: graph theory
теория рассеяния: scattering theory
термопара: thermocouple
тетраэдр: tetrahedron
тогда и только тогда, когда: iff

> Пример 4.19.1.
> $a = 0$ **тогда и только тогда, когда** $a_i^j = 0$ **для любых** i, j.
> $a = 0$ *iff* $a_i^j = 0$ *for any* i, j.   □

тождественные частицы: identical particles
топологическое пространство: topological space
топология: topology
тор: torus
тотальное пространство расслоения: total space
точечный: point
точка: point
точка прикосновения: cluster point; contact point
точная верхняя грань: least upper bound
точная нижняя грань: greatest lower bound
точная последовательность модулей: exact sequence of modules
траектория: trajectory
транзитивный: transitive
трение: friction
треугольник: triangle
тривиализация над U: chart over U
тривиальный: trivial
тригонометрический: trigonometrical
тригонометрия: trigonometry
тунгусский метеорит: Tunguska Cosmic Body

тупой угол: obtuse angle
турбулентность: turbulence

4.20. У

увлечение системы отсчёта: frame dragging
угол: angle
угол отражения: angle of reflection
угол падения: angle of incidence
угол преломления: angle of refraction
удельное сопротивление: resistivity
узел: knot
умножение: multiplication
умножить на 2: multiply by 2
умножить на b: multiply by b
унитарный многочлен: monic polynomial
упорядоченное множество: ordered set
упорядоченность: ordering
уравнение в частных производных: partial differential equation
уравнение удовлетворяется тождественно: equation is satisfied identically
ускорение: acceleration
ускоритель: accelerator
условия интегрируемости: conditions of integrability

4.21. Ф

фактор множество: quotient set
фактор модуль: difference module
фактор расслоение: quotient bundle
факторгруппа: factor group; quotient group
факторкольцо: quotient ring
фактормодуль модуля M **по подмодулю** N: factor module of module M by submodule N
фактортопология: quotient topology
физик: physicist
физика: physics
физический: physical
фильтр: filter
финслерова метрика: Finsler metric; Finslerian metric
фотон: photon
фундаментальная последовательность: fundamental sequence
функтор: functor
функции склеивания: gluing functions
функционал: functional

функция f **от** x: function f of x
функция перехода: transition function

4.22. X

хаос: chaos
хаусдорфова аксиома отделимости: Hausdorff axiom of separation
хаусдорфово пространство: Hausdorff space

4.23. Ц

целостное кольцо: entire ring
центробежный: centrifugal
центростремительный: centripetal
цикл: cycle
циклическая группа: cyclic group

4.24. Ч

частичная упорядоченность: partial ordering
частное от деления 6 на 2: quotient of 6 divided by 2
частота: frequency
частотная модуляция: frequency modulation
чётность: parity
числитель: numerator
числовая функция: real function; real valued function

4.25. Ш

широта: latitude

4.26. Э

эвклидова метрика: Euclidean metric
эвклидово пространство: Euclidean space
эквивалентность: equivalence relation
экстремальная кривая: extreme line
экстремальный: extremal; extreme
эксцентриситет: eccentricity
элемент матрицы: entry of matrix
элементарная частица: elementary particle
эндоморфизм: endomorphism
энергия: energy
энтропия: entropy
Эрлангенская программа: Erlanger Program
эрмитова форма: hermitian form
эффект Допплера: Doppler effect
эхолокация: echolocation

4.27. Я

явление: phenomenon
явления: phenomena
ядро (атома): nucleus
ядро (отображения): kernel
якобиан: Jacobian

Name index

Niels Henrik **Abel** Нильс Хенрик Абель
Yakir **Aharonov** Якир Ааронов
James Waddell **Alexander** Джеймс
    Уэдделл Александер
Victor Amazaspovich **Ambartsumian**
    Виктор Амазаспович Амбарцумян
André-Marie **Ampère** Андре-Мари
    Ампер
Carl David **Anderson** Карл Дейвид
    Андерсон
Archimedes Архимед
Emil **Artin** Эмиль Артин
Cesare **Arzelà** Чезаре Арцела
Abhay **Ashtekar** Абэй Аштекар
Alain **Aspect** Ален Аспект
Michael **Atiyah** Майкл Атья
Pierre Victor **Auger** Пьер Виктор Оже
Amedeo **Avogadro** Амедео Авогадро

Étienne **Bézout** Этьенн Безу
Walter **Baade** Вальтер Бааде
John C. **Baez** Джон С. Баез
Stefan **Banach** Стефан Банах
John **Bardeen** Джон Бардин
Asim Orhan **Barut** Асим Орхан Барут
Tatyana **Baturina** Татьяна Батурина
Eric Temple **Bell** Эрик Темпл Белл
John Stewart **Bell** Джон Стюарт Белл
Felix Alexandrovich **Berezin** Феликс
    Александрович Березин
Peter Gabriel **Bergmann** П. Г. Бергман
Jacob **Bernoulli** Яков Бернулли
Luigi **Bianchi** Луиджи Бианки
George **Birkhoff** Джордж Биркхоф
Marietta **Blau** Мариетта Блау
Nikolai **Bogoliubov** Николай Боголюбов
David Joseph **Bohm** Дэвид Джозеф Бом
Niels **Bohr** Нильс Бор
Martin **Bojowald** Мартин Боджовалд
Ludwig **Boltzmann** Людвиг Больцман
János **Bolyai** Янош Больяй

Bernhard **Bolzano** Бернард Больцано
George **Boole** Джордж Буль
Félix **Borel** Феликс Борель
Max **Born** Макс Борн
Satyendra Nath **Bose** Шатьендранат Бозе
Raoul **Bott** Рауль Ботт
Nicolas **Bourbaki** Никола Бурбаки
Ferdinand **Brickwedde** Фердинанд
    Брикведде

Eugenio **Calabi** Калаби
Georg **Cantor** Георг Кантор
Constantin **Caratheodory** Константин
    Каратеодори
Sadi **Carnot** Сади Карно
Richard Christopher **Carrington** Ричард
    Кристофер Кэррингтон
Lewis **Carroll** Льюис Кэррол
Elie Joseph **Cartan** Эли Жозеф Картан
Henri Paul **Cartan** Анри Поль Картан
Hendrik **Casimir** Хендрик Казимир
Guido **Castelnuovo** Гвидо Кастельнуово
Augustin Louis **Cauchy** Августин Коши
James **Chadwick** Джеймс Чедвик
Owen **Chamberlain** Оуэн Чемберлен
Nikolai Grigorievich **Chebotaryov**
    Николай Григорьевич Чеботарёв
Pafnuty Lvovich **Chebyshev** Пафнутий
    Львович Чебышев
Shiing-Shen **Chern** Шиинг-Шен Черн
N. A. **Chernikov** Н. А. Черников
Claude **Chevalley** Клод Шевалле
Geoffrey Foucar **Chew** Джеффри Фаукар
    Чу
Elwin Bruno **Chritoffel** Эльвин Бруно
    Кристоффель
William **Clifford** Уильям Клиффорд
Paul Moritz **Cohn** Пол Мориц Кон
Alain **Connes** Ален Конн
John Horton **Conway** Джон Хортон
    Конвей

Dmitry Aleksandrovich **Grave** Дмитрий Александрович Граве

Marcel **Grossman** Марсель Гроссман

Alexander **Grothendieck** Александр Гротендик

Jacques **Hadamard** Жак Адамар

Georg Karl Wilhelm **Hamel** Георг Карл Вильгельм Гамель

William Rowan **Hamilton** Вильям Роуэн Гамильтон

Serge **Haroche** Серж Арош

Felix **Hausdorff** Феликс Хаусдорф

S. W. **Hawking** С. В. Хокинг

Friedrich W. **Hehl** Фридрих Хель

Werner **Heisenberg** Вернер Гейзенберг

Kurt **Hensel** Курт Хензель

William **Herschel** Вильям Гершель

Heinrich Rudolf **Hertz** Генрих Рудольф Герц

Ejnar **Hertzsprung** Эйнар Герцшпрунг

Victor Franz **Hess** Виктор Франц Гесс

Antony **Hewish** Энтони Хьюиш

David **Hilbert** Давид Гильберт

Friedrich Ernst Peter **Hirzebruch** Фридрих Эрнст Петер Хирцебрух

Heinz **Hopf** Хайнц Хопф

Fred **Hoyle** Фред Хойл

Edwin **Hubble** Эдвин Хаббл

Adolf **Hurwitz** Адольф Гурвиц

Leopold **Infeld** Леопольд Инфельд

Dmitri **Iwanenko** Дмитрий Дмитриевич Иваненко

Carl **Jacobi** Карл Якоби

Nathan **Jacobson** Натан Джекобсон

Pascual **Jordan** Паскуаль Иордан

James Prescott **Joule** Джеймс Прескотт Джоуль

Heike **Kamerlingh Onnes** Хейке Камерлинг-Оннес

Pyotr **Kapitsa** Пётр Капица

Max **Karoubi** Макс Каруби

Johann **Kepler** Иоганн Кеплер

Roy Patrick **Kerr** Рой Патрик Керр

Wilhelm **Killing** Вильгельм Киллинг

Gustav Robert **Kirchhoff** Густав Роберт Кирхгоф

Felix **Klein** Феликс Клейн

Oskar **Klein** Оскар Клейн

Shoshichi **Kobayashi** С. Кобаяси

Andreĭ Nikolaevich **Kolmogorov** Андрей Николаевич Колмогоров

Sofia Vasilyevna **Kovalevskaya** Софья Васильевна Ковалевская

Robert **Kraichnan** Роберт Крайчнан

Leopold **Kronecker** Леопольд Кронекер

Martin **Kruskal** Мартин Крускал

Kazimierz **Kuratowski** Казимир Куратовский

Martin Wilhelm **Kutta** Мартин Вильгельм Кутта

Guillaume François de **L'Hôpital** Гийомн Франсуа де Лопиталь

Joseph Louis **Lagrange** Жозеф Луи Лагранж

Tsit Yuen **Lam** Цит Юань Лам

Lev **Landau** Лев Ландау

Serge **Lang** Серж Ленг

Pierre-Simon **Laplace** Пьер-Симон Лаплас

Henrietta Swan **Leavitt** Генриетта Суон Ливитт

Henri **Lebesgue** Анри Лебег

Joel **Lebowitz** Джоэль Лейбовиц

Leon Max **Lederman** Леон Макс Ледерман

Adrien-Marie **Legendre** Адриен Мари Лежандр

Gottfried Wilhelm **Leibniz** Готфрид Вильгельм Лейбниц

Joseph **Lense** Джозеф Лензе

Heinrich Friedrich Emil **Lenz** Генрих Фридрих Эмиль Ленц

Beppo **Levi** Беппо Леви

Andre **Lichnerowicz** Андрэ Лихнерович

Andrei **Linde** Андрей Линде

Joseph **Liouville** Жозеф Лиувилль

Nikolai Ivanovich **Lobachevsky** Николай Иванович Лобачевский

Hendrik Antoon **Lorentz** Хендрик Антон Лоренц

Edward Norton **Lorenz** Эдвард Нортон Лоренц

Ettore **Majorana** Этторе Майорана

James Clerk **Maxwell** Джеймс Клерк Максвелл

Ulf **Meissner** Ульф Мейснер

Lise **Meitner** Лиза Мейтнер

Именной указатель

Якир **Ааронов** Yakir Aharonov
Нильс Хенрик **Абель** Niels Henrik Abel
Амедео **Авогадро** Amedeo Avogadro
Жак **Адамар** Jacques Hadamard
Джеймс Уэдделл **Александер** James
    Waddell Alexander
Виктор Амазаспович **Амбарцумян**
    Victor Amazaspovich Ambartsumian
Андре-Мари **Ампер** André-Marie
    Ampère
Карл Дейвид **Андерсон** Carl David
    Anderson
Серж **Арош** Serge Haroche
Эмиль **Артин** Emil Artin
Архимед Archimedes
Чезаре **Арцела** Cesare Arzelà
Ален **Аспект** Alain Aspect
Майкл **Атья** Michael Atiyah
Абэй **Аштекар** Abhay Ashtekar

Вальтер **Бааде** Walter Baade
Джон С. **Баез** John C. Baez
Стефан **Банах** Stefan Banach
Джон **Бардин** John Bardeen
Асим Орхан **Барут** Asim Orhan Barut
Татьяна **Батурина** Tatyana Baturina
Этьенн **Безу** Étienne Bézout
Джон Стюарт **Белл** John Stewart Bell
Эрик Темпл **Белл** Eric Temple Bell
Франклин **Бенджамин** Benjamin
    Franklin
П. Г. **Бергман** Peter Gabriel Bergmann
Феликс Александрович **Березин** Felix
    Alexandrovich Berezin
Яков **Бернулли** Jacob Bernoulli
Луиджи **Бианки** Luigi Bianchi
Джордж **Биркхоф** George Birkhoff
Мариетта **Блау** Marietta Blau
Николай **Боголюбов** Nikolai Bogoliubov
Мартин **Боджовалд** Martin Bojowald
Шатьендранат **Бозе** Satyendra Nath Bose

Бернард **Больцано** Bernhard Bolzano
Людвиг **Больцман** Ludwig Boltzmann
Янош **Больяй** János Bolyai
Дэвид Джозеф **Бом** David Joseph Bohm
Нильс **Бор** Niels Bohr
Феликс **Борель** Félix Borel
Макс **Борн** Max Born
Рауль **Ботт** Raoul Bott
Фердинанд **Брикведде** Ferdinand
    Brickwedde
Джордж **Буль** George Boole
Никола **Бурбаки** Nicolas Bourbaki

Стивен **Вайнберг** Steven Weinberg
Джеймс **Ван Аллен** James Van Allen
Вильгельм Эдуард **Вебер** Wilhelm
    Eduard Weber
Карл Теодор Вильгельм **Вейерштрасс**
    Karl Theodor Wilhelm Weierstrass
Андре **Вейль** André Weil
Герман **Вейль** Hermann Weyl
Джон **Венн** John Venn
Юджин **Вигнер** Eugene Wigner
Франсуа **Виет** François Viéte
Алекс **Виленкин** Alex Vilenkin
Франк **Вилчек** Frank Wilczek
Роберт **Вильсон** Robert Wilson
Валерий **Винокур** Valerii Vinokur

Галилео **Галилей** Galileo Galilei
Галуа Galois
Георг Карл Вильгельм **Гамель** Georg
    Karl Wilhelm Hamel
Вильям Роуэн **Гамильтон** William
    Rowan Hamilton
Рене Эжен **Гато** René Eugène Gâteaux
Сэмюэл Абрахам **Гаудсмит** Samuel
    Abraham Goudsmit
Карл Фридрих **Гаусс** Carl Friedrich
    Gauss

Симеон-Дени **Пуассон** Siméon-Denis Poisson

Исидор Айзек **Раби** Isidor Isaac Rabi

Бертран **Рассел** Bertrand Russell

Генри Норрис **Расселл** Henry Norris Russell

Эрнест **Резерфорд** Ernest Rutherford

Курт Вернер Фридрих **Рейдемейстер** Kurt Werner Friedrich Reidemeister

Вильям **Рейнольдс** William Reynolds

Оле Кристенсен **Рёмер** Ole Christensen Roemer

Бернхард **Риман** Bernhard Riemann

Мартин **Рис** Martin Rees

Грегорио **Риччи** Gregorio Ricci

Говард Перси **Робертсон** Howard Percy Robertson

Джордж Нил **Робертсон** George Neil Robertson

Карло **Ровелли** Carlo Rovelli

Натан **Розен** Nathan Rosen

Маршалл Николас **Розенблют** Marshall Nicholas Rosenbluth

Мишель **Ролль** Michel Rolle

Р **Рончка** Ryszard Rączka

Карл Давид Тольме **Рунге** Karl David Tolme Runge

Ханно **Рунд** Hanno Rund

Уоррен де ла **Рю** Warren de la Rue

Энтони **Садбери** Anthony Sudbery

Эдвин Эрнест **Сальпетер** Edwin Ernest Salpeter

Леонард **Сасскинд** Leonard Susskind

Коррадо **Сегре** Corrado Segre

Вацлав **Серпинский** Waclaw Sierpinski

Жан Пьер **Серр** Jean-Pierre Serre

Джеймс Харрис **Симонс** James Harris Simons

Тони **Скайрм** Tony Skyrme

Дмитрий **Скобельцин** Dmitriy Skobeltsin

Альфред Причард **Слоун** Alfred Pritchard Sloan

Ли **Смолин** Lee Smolin

Хартланд Свит **Снайдер** Hartland Sweet Snyder

Эдуард **Стади** Eduard Study

Соломон **Стернберг** Shlomo Sternberg

Томас Иоаннес **Стилтьес** Thomas Joannes Stieltjes

Норман **Стинрод** Norman Steenrod

Джеймс **Стирлинг** James Stirling

Джордж Габриель **Стокс** George Gabriel Stokes

Лео **Сцилард** Leo Szilard

Альфред **Тарский** Alfred Tarski

Вальтер **Тирринг** Walter Thirring

Ганс **Тирринг** Hans Thirring

Ричард **Толмен** Richard Tolman

Рене Фредерик **Том** René Frédéric Thom

Джордж Паджет **Томсон** George Paget Thomson

Кип **Торн** Kip S. Thorne

Евангелиста **Торричелли** Evangelista Torricelli

Альфред Норт **Уайтхед** Alfred North Whitehead

Джон Арчибалд **Уилер** John Archibald Wheeler

Хасслер **Уитни** Hassler Whitney

Джордж Юджин **Уленбек** George Eugene Uhlenbeck

Гарольд Клейтон **Ури** Harold Clayton Urey

Майкл **Фарадей** Michael Faraday

Ричард **Фейнман** Richard Feynman

Карл **Фейс** Carl Faith

Пьер **Ферма** Pierre Fermat

Энрико **Ферми** Enrico Fermi

Арман Ипполит Луи **Физо** Armand-Hippolyte-Louis Fizeau

Сергей Павлович **Фиников** Sergeǐ Pavlovich Finikov

Пауль **Финслер** Paul Finsler

Леопольд **Фиторис** Leopold Vietoris

Григорий Михайлович **Фихтенгольц** Grigorii Mikhailovich Fikhtengolts

Джон Амброз **Флеминг** John Ambrose Fleming

Сергей Васильевич **Фомин** Sergeǐ Vasil'evich Fomin

Макс **фон Лауэ** Max von Laue

Джеймс **Форбс** James Forbes

Джордж **Франсис** George Francis

Эрик Ивар **Фредгольм** Erik Ivar Fredholm

Морис Рене **Фреше** Maurice René Fréchet

Александр **Фридман** Alexander Friedmann

Фердинанд Георг **Фробениус** Ferdinand Georg Frobenius

Гвидо **Фубини** Guido Fubini

Карл Рудольф **Фуетер** Karl Rudolf Fueter

Джозеф **Фурье** Joseph Fourier

Эдвин **Хаббл** Edwin Hubble

Феликс **Хаусдорф** Felix Hausdorff

Фридрих **Хель** Friedrich W. Hehl

Курт **Хензель** Kurt Hensel

Фридрих Эрнст Петер **Хирцебрух** Friedrich Ernst Peter Hirzebruch

Фред **Хойл** Fred Hoyle

С. В. **Хокинг** S. W. Hawking

Хайнц **Хопф** Heinz Hopf

Энтони **Хьюиш** Antony Hewish

Эрнст Фридрих Фердинанд **Цермело** Ernst Friedrich Ferdinand Zermelo

Николай Григорьевич **Чеботарёв** Nikolai Grigorievich Chebotaryov

Пафнутий Львович **Чебышев** Pafnuty Lvovich Chebyshev

Джеймс **Чедвик** James Chadwick

Оуэн **Чемберлен** Owen Chamberlain

Шиинг-Шен **Черн** Shiing-Shen Chern

Н. А. **Черников** N. A. Chernikov

Джеффри Фаукар **Чу** Geoffrey Foucar Chew

Дж. **Шварц** Jacob Schwartz

Лоран Моиз **Шварц** Laurent Moise Schwartz

Карл **Шварцшильд** Karl Schwarzschild

Джулиус **Швингер** Julian Schwinger

Клод **Шевалле** Claude Chevalley

Шмидт Schmidt

Эрвин **Шредингер** Erwin Schrödinger

Джон **Шриффер** John Schrieffer

Поль **Штейнхардт** Paul Steinhardt

Эдуард **Штифель** Eduard Stiefel

Жак Шарль Франсуа **Штурм** Jacques Charles Fracois Sturm

Эвклид Euclid

Артур Стэнли **Эддингтон** Arthur Stanley Eddington

Л. П. **Эйзенхарт** Luther Pfahler Eisenhart

Самуил **Эйленберг** Samuel Eilenberg

Леонард **Эйлер** Leonhard Euler

Альберт **Эйнштейн** Albert Einstein

Л. Э. **Эльсгольц** Lev Elsgolts

Федериго **Энрикес** Federigo Enriques

Пауль Софус **Эпштейн** Paul Sophus Epstein

Вернер **Эренберг** Werner Ehrenberg

Пауль **Эренфест** Paul Ehrenfest

Хидеки **Юкава** Hideki Yukawa

Карл **Якоби** Carl Jacobi

Чжэньнин **Янг** Chen Ning Yang

Шин-Тан **Яу** Shing-Tung Yau

Глава 5

Abbreviations in English Text

A (ampere) - А (ампер)
AGN (active galactic nucleus) - АЯГ (активное ядро галактики)
AGNs (active galactic nuclei) - (активные ядра галактик)

C (coulomb) - Кл (кулон)
CERN (European Organization for Nuclear Research) - ЦЕРН (Европейский Центр ядерных исследований)
cm (centimeter [1 cm = .01 m]) - см (сантиметр [1 см = .01 м])
CMB (cosmic microwave background) - КМФ (космическое микроволновое фоновое излучение)
COBE (Cosmic Background Explorer) - (исследователь космического фона)

EDGES (Experiment to Detect the Global Epoch of reionization Signal) - none (эксперимент по нахождению следов глобальной эпохи реионизации)
EDM (electric dipole moment) - ЭДМ (электрический дипольный момент)

ESA (European Space Agency) - ЕКА (Европейское космическое агентство)
eV (electronvolt; electron volt [$1\,\text{eV} \approx 1.6 \times 10^{-19}\,\text{J}$]) - эВ (электронвольт; электрон-вольт [$1\,\text{эВ} \approx 1.6 \times 10^{-19}\,\text{Дж}$])

FDM (finite difference method) - МКР (метод конечных разностей)

g (gram) - г (грамм)
GeV (giga electron volt; giga-electron volt; gigaelectronvolt [$1\,\text{GeV} = 10^9\,\text{eV}$]) - ГэВ (гигаэлектронвольт [$1\,\text{ГэВ} = 10^9\,\text{эВ}$])
GP-B (Gravity Probe B) - (гравитационный зонд B)
GR (general relativity) - ОТО (общая теория относительности)
GRB (gamma-ray burst) - ГВ (гамма-всплеск)
GW (gravitational wave) - ГВ (гравитационная волна)
GWB (Gravitational Wave Background) - ГВФ (гравитационно-волновой фон)

h (hour [$1\,\text{h} = 60\,\text{min}$]) - ч (час [$1\,\text{ч} = 60\,\text{мин}$])

ISM (interstellar medium) - МЗС (межзвёздная среда)

J (Joule [1 J $\approx 6.24 \times 10^{18}$ **eV])** - Дж (джоуль [1 Дж $\approx 6.24 \times 10^{18}$ эВ])

KELT (Kilodegree Extremely Little Telescope) - KELT (тысячеградусный экстремально маленький телескоп)
kg (kilogram [1 kg = 1000 g]) - кг (килограмм [1 кг = 1000 г])
km (kilometer [1 km = 1000 m]) - км (километр [1 км = 1000 м])

μ**N (nuclear magneton)** - я. м. (ядерный магнетон)
m (meter) - м (метр)
min (minute [1 min = 60 s]) - мин (минута [1 мин = 60 с])

NEO (near-Earth object) - ОЗО (околоземной объект)
NS (neutron star) - НЗ (нейтронная звезда)

PET (positron emission tomography) - ПЭТ (позитронная эмиссионная томография)

QCD (quantum chromodynamics) - КХД (квантовая хромодинамика)

s (second) - с (секунда)
SDSS (Sloan Digital Sky Survey) - SDSS (цифровое исследование неба фонда Альфреда Слоуна)
SDSS (Sloan Digital Sky Survey) - СЦНО (слоановский цифровой обзор неба)
SI (International System of Units) - СИ (международная система единиц)
SMBH (supermassive black hole) - СМЧД (сверхмассивная чёрная дыра)

TeV (tera electron volt; tera-electron volt; teraelectronvolt [1 TeV = 10^{12} **eV])** - ТэВ (тераэлектронвольт [1 ТэВ = 10^{12} эВ])

VLBI (very long baseline interferometry) - РСДБ (радиоинтерферометрия со сверхдлинными базами)

WMAP (Wilkinson Microwave Anisotropy Probe) - (зонд микроволновой анизотропии Уилкинсона)

Глава 6

Сокращения в русском тексте

KELT (тысячеградусный экстремально маленький телескоп) - KELT (Kilodegree Extremely Little Telescope)

SDSS (цифровое исследование неба фонда Альфреда Слоуна) - SDSS (Sloan Digital Sky Survey)

(активные ядра галактик) - AGNs (active galactic nuclei)
A (ампер) - A (ampere)
АЯГ (активное ядро галактики) - AGN (active galactic nucleus)

(гравитационный зонд B) - GP-B (Gravity Probe B)
г (грамм) - g (gram)
ГВ (гамма-всплеск) - GRB (gamma-ray burst)
ГВ (гравитационная волна) - GW (gravitational wave)
ГВФ (гравитационно-волновой фон) - GWB (Gravitational Wave Background)

ГэВ (гигаэлектронвольт [1 ГэВ $= 10^9$ эВ]) - GeV (giga electron volt; giga-electron volt; gigaelectronvolt [1 GeV $= 10^9$ eV])

Дж (джоуль [1 Дж $\approx 6.24 \times 10^{18}$ эВ]) - J (Joule [1 J $\approx 6.24 \times 10^{18}$ eV])

ЕКА (Европейское космическое агентство) - ESA (European Space Agency)

(зонд микроволновой анизотропии Уилкинсона) - WMAP (Wilkinson Microwave Anisotropy Probe)

(исследователь космического фона) - COBE (Cosmic Background Explorer)

кг (килограмм [1 кг $= 1000$ г]) - kg (kilogram [1 kg $= 1000$ g])
Кл (кулон) - C (coulomb)
км (километр [1 км $= 1000$ м]) - km (kilometer [1 km $= 1000$ m])
КМФ (космическое микроволновое фоновое излучение) - CMB (cosmic

microwave background)
КХД (квантовая хромодинамика) - QCD (quantum chromodynamics)

м (метр) - m (meter)
МЗС (межзвёздная среда) - ISM (interstellar medium)
мин (минута [1 мин = 60 с]) - min (minute [1 min = 60 s])
МКР (метод конечных разностей) - FDM (finite difference method)

НЗ (нейтронная звезда) - NS (neutron star)

ОЗО (околоземной объект) - NEO (near-Earth object)
ОТО (общая теория относительности) - GR (general relativity)

ПЭТ (позитронная эмиссионная томография) - PET (positron emission tomography)

РСДБ (радиоинтерферометрия со сверхдлинными базами) - VLBI (very long baseline interferometry)

с (секунда) - s (second)
СИ (международная система единиц) - SI (International System of Units)
см (сантиметр [1 см = .01 м]) - cm (centimeter [1 cm = .01 m])
СМЧД (сверхмассивная чёрная дыра) - SMBH (supermassive black hole)
СЦНО (слоановский цифровой обзор неба) - SDSS (Sloan Digital Sky Survey)

ТэВ (тераэлектронвольт [1 ТэВ = 10^{12} эВ]) - TeV (tera electron volt; tera-electron volt; teraelectronvolt [1 TeV = 10^{12} eV])

ЦЕРН (Европейский Центр ядерных исследований) - CERN (European Organization for Nuclear Research)

ч (час [1 ч = 60 мин]) - h (hour [1 h = 60 min])

none (эксперимент по нахождению следов глобальной эпохи реионизации) - EDGES (Experiment to Detect the Global Epoch of reionization Signal)
эВ (электронвольт; электрон-вольт [1 эВ ≈ 1.6×10^{-19} Дж]) - eV (electronvolt; electron volt [1 eV ≈ 1.6×10^{-19} J])
ЭДМ (электрический дипольный момент) - EDM (electric dipole moment)

я. м. (ядерный магнетон) - μN (nuclear magneton)

www.ingramcontent.com/pod-product-compliance
Lightning Source LLC
Chambersburg PA
CBHW080601180526
45168CB00007B/2738